L'HUMANITE EST-ELLE UNE CELLULE EMBRYONNAIRE D'UN CERVEAU COSMIQUE ?

Essai

Michel Bourdinaud

Mentions légales octobre 2015

- **L'humanité est-elle une cellule embryonnaire d'un cerveau cosmique ?**

- Michel Bourdinaud

- Essai

- ISBN : 978-2-9552853-1-2

A ma fille Valérie qui a souhaité cet ouvrage

L'humanité est-elle une cellule embryonnaire d'un cerveau cosmique ?

Sommaire

Avant propos

Nanti du savoir accumulé par les générations précédentes, tout être humain vit au long de son parcours de nombreuses expériences qui nourrissent sa réflexion.

Dans une sorte de sédimentation intellectuelle elles lui apportent, sinon des certitudes, au moins des convictions.

Le temps faisant son œuvre, les plus consistantes persistent, de même que suivant le célèbre aphorisme la culture est ce qui subsiste quand on a tout oublié.

Après la carrière de chercheur * qui m'a permis de suivre les progrès dans la compréhension de l'univers, il m'en reste quelques unes.

* Au DAPNIA du CEA Saclay (Département d'Astrophysique, de Physique des Particules, de Physique Nucléaire et d'Instrumentation Associée), prédécesseur de l'actuel IRFU (Institut de Recherche sur les lois Fondamentales de l'Univers).

Je les ai rassemblées dans cet essai, qui n'est ni un article scientifique ni un texte philosophique.

J'y donne ma vision sur l'univers lui-même, sur cet étrange phénomène qu'est la vie, sur l'humanité, sur l'ambivalence de la connaissance qu'elle recherche, ainsi que sur son organisation sociale dont la mutation radicale se profile.

Je suggère que l'organisation continue de la matière, en contradiction avec le penchant naturel vers le désordre, provient d'un code génétique chargé de constituer un cerveau cosmique afin que l'univers se connaisse lui-même.

Et surtout je souhaite faire partager au lecteur les sentiments d'étonnement et d'émerveillement que la précision de son architecture éveille en moi depuis toujours.

Les grandes questions

Lorsque par une claire nuit d'été on contemple la voûte céleste, on est frappé naturellement par son immensité, mais aussi par l'harmonie qui s'en dégage. En apparence tout n'est qu'ordre, calme et beauté (à défaut de luxe et volupté), même si pourtant quasars, pulsars et autres supernovae y déversent en permanence des torrents d'énergie.

C'est une vision qui suscite de grandes interrogations existentielles :

- Pourquoi y a-t-il quelque chose plutôt que rien ?

- Pourquoi ce quelque chose est-il si bien organisé suivant des lois physiques et des constantes cosmologiques parfaitement ajustées ?

- Ces paramètres sont-ils créés en même temps que l'univers ?

- S'ils préexistent, d'où viennent-t-ils ?

- Leur association est fonctionnelle. Est-ce fortuit ?

- Le vide quantique n'est pas le néant puisque ses fluctuations produisent de l'énergie. D'où provient-elle ?

- Les notions mêmes de matière et d'énergie restent mystérieuses, avec leurs variantes grises et noires décelables, mais encore invisibles et inexpliquées.

Bref, y a-t-il un dessein, et dans l'affirmative quel est-il et qui en est le concepteur ?

Nous n'avons pas pour l'heure les réponses, et si par extraordinaire elles nous étaient révélées, elles seraient sans doute hors de portée de notre compréhension.

Toutefois, sans prétendre percer les intentions d'un éventuel créateur, il me semble qu'en prenant un peu de hauteur pour se placer du point de vue de Sirius, on peut discerner dans l'organisation de l'univers une cohérence sous jacente, une ligne directrice que je vais tenter de préciser.

Notre univers

Depuis son apparition par la singularité du bigbang, sous l'effet de lois physiques et de paramètres apparemment partout identiques et immuables, il a évolué dans le temps et l'espace, et surtout dans la complexité.

Qu'on le dénomme cosmos, monde, ou dieu, c'est une entité dont les débuts remontent à 13,7 milliards d'années et dont l'homme a pu retracer l'histoire.

Immédiatement après le bigbang une phase de dilatation gigantesque et ultra brève appelée inflation, lui donne son extraordinaire homogénéité. A ce stade sont présentes les particules élémentaires, parfois assemblées en noyaux, mélangées aux photons qui restent prisonniers de ce plasma incommensurablement chaud et opaque.

Puis l'expansion se poursuit à un rythme beaucoup plus lent. Après 380.000 ans de refroidissement continu, la température baisse jusqu'à la valeur à laquelle les électrons peuvent s'associer avec les noyaux pour former les atomes légers. Le plasma devient alors transparent, libérant les photons de sorte que la lumière peut jaillir.

C'est la séparation du rayonnement et de la matière.

Ce moment crucial apparaît dans plusieurs mythes et religions humaines.

Ainsi on trouve dans la Bible : « Dieu dit que la lumière soit et la lumière fût». (Genèse 1-3).

Même constat pour la condensation en pluie persistante de la vapeur d'eau issue des gaz volcaniques aux premiers temps de notre planète : « Sept jours plus tard, les eaux du déluge étaient sur la terre » (Genèse 7-10).

Ces deux événements marquants se situent à des époques largement antérieures à toute forme de vie, et donc à tout moyen de mémorisation humaine. On peut s'étonner qu'ils soient rapportés dans des textes, ou transmis oralement.

S'agit-il de mythes inspirés par l'observation d'éclipses solaires pour le premier, et par celle de précipitations abondantes et continues pour le second ?

Sinon comment expliquer qu'une humanité scientifiquement balbutiante les mentionne ?

Après la constitution des atomes légers (hydrogène, hélium, lithium), l'organisation de la matière primordiale se poursuit.

La gravitation, à l'œuvre depuis l'origine, la condense d'abord en gaz, puis en étoiles en l'échauffant suffisamment pour y amorcer le feu nucléaire et les réactions de transmutation qui l'accompagnent, avec pour conséquence la production de noyaux lourds.

Au terme de leur évolution, certaines atteignent le stade de novae et explosent en dispersant leur matière enrichie. La gravitation en rassemble à nouveau les débris pour former par accrétion une nouvelle génération d'étoiles, et le cycle se répète, engendrant à chaque fois des noyaux de plus en plus lourds.

Sur quelques unes des planètes qui les accompagnent, dans des environnements favorables, les noyaux peuvent s'organiser en atomes et molécules complexes, tels les acides aminés dont l'aptitude à la duplication est une des clés de l'apparition de la vie.

Seuls au monde ?

Nous sommes donc capables de décrypter l'évolution de l'univers depuis le bigbang, mais sa structure diversifiée et organisée nous interpelle.

N'est-t-elle pas singulière, improbable ?

Puisqu'il y a quelque chose plutôt que rien, ne serait-il pas plus satisfaisant pour l'esprit (humain et cartésien) que cette substance soit parfaitement homogène dans l'espace et stable dans le temps, qu'elle demeure éternellement uniforme et lisse ?

En quelque sorte une version améliorée du néant, à peine différente et de ce fait admissible.

Ce n'est à l'évidence pas le cas.

Une autre option raisonnablement acceptable serait le chaos généralisé et permanent.

Un tourbillon déstructuré, dépourvu de temps et d'espace, modifiant sans cesse son aspect et son contenu, défaisant inlassablement ce qu'il vient de construire. Une matrice bouillonnante ou tout serait possible en même temps que son contraire.

Ce n'est pas ce que nous observons, mais contrairement à l'option précédente, il n'est pas inconcevable que notre univers puisse émerger d'un tel désordre.

Il n'est donc ni platitude, ni chaos. Il possède une structure harmonieuse dont l'évolution est prédictible à moyen terme.

Il abrite, au moins sur notre terre, des créatures vivantes et conscientes : les êtres humains ayant la faculté d'étudier et de comprendre leur environnement, et qu'on peut à ce titre qualifier « d'observateurs ».

Leur existence a des conséquences sur la nature même de l'univers.

Elle implique entre autres que les grandeurs caractéristiques de sa création et de son fonctionnement, telles que la vitesse de la lumière, la masse de l'électron, du proton, etc.… ont nécessairement des valeurs qui n'interdisent pas la présence d'observateurs.

Or il est établi qu'une infime déviation de celles-ci (une fraction d'un milliardième de %), déboucherait sur un tout autre univers, ou plus probablement sur pas d'univers du tout.

Ce qui se résume par cette évidence énoncée dans le principe anthropique : si des observateurs existent, c'est parce que les paramètres de leur univers l'ont permis.

Ainsi pour ce qui est du nôtre et en considérant plus spécialement la terre, ils doivent être agencés pour autoriser l'apparition de la vie, et aussi pour donner au premier microorganisme le délai nécessaire pour qu'il évolue jusqu'à un être humain conscient, apte à observer et comprendre son environnement.

Cela a des conséquences sur son âge minimum, et aussi sur des grandeurs cosmologiques comme la taille des étoiles, etc....

Selon le principe anthropique il est concevable que d'autres associations de paramètres accouchent d'univers viables, mais probablement sans observateurs de sorte qu'ils restent inconnus.

Il postule donc la possibilité d'univers multiples, et le nôtre ne serait qu'un parmi d'autres, sans interférences avec eux.

Mais quelle serait la genèse de ces « multivers » ?

Une bulle de chaos pour univers

Entre la platitude ou le chaos, seule la seconde option peut conduire à l'univers que nous connaissons.

Le chaos serait l'état fondamental, mais sous l'effet de son agitation permanente ou d'une action extérieure (?), il s'en échapperait parfois des parcelles, comme le soleil relâche de la matière lors de ses éruptions. En quelque sorte des bouteilles à la mer dans l'océan de l'infini.

Certaines ne changeraient pas de nature et ne différeraient en rien du chaos originel.

Mais d'autres, libérées des contraintes chaotiques, cesseraient de se modifier et cristalliseraient sous forme de bulles au contenu devenu stable, avec deux cas de figure :

Ou bien elles ne sont pas dotées de règles appropriées (lois physiques, paramètres et constantes cosmologiques..). Dans ce cas elles s'évanouissent ou dégénèrent.

Ou bien elles les possèdent, et alors elles perdurent en fonctionnant suivant leur logique propre, à côté d'autres munies de lois différentes mais également viables.

Notre univers serait une de ces bulles, surgissant du chaos par la singularité du bigbang, et munie de caractéristiques particulièrement remarquables puisque sa matière peut accoucher de la vie, au moins sur la terre, avec son évolution jusqu'à des observateurs humains.

Il n'y aurait à première vue aucune raison de douter de son unicité, mais pourtant, issus d'un processus analogue, d'autres univers pourraient cohabiter avec le nôtre à notre insu, eux aussi fragments assagis d'un cosmos chaotique.

Pour donner une image, des cartouches seraient tirées à partir du chaos, la plupart se perdant dans l'infini, à l'exception de quelques-unes qui font mouche.

La question reste posée de savoir si cela est accidentel, ou s'il existe un tireur (?) qui en choisit le contenu (les bons paramètres) et presse la détente.

Quoi qu'il en soit, notre univers avec son big-bang et son expansion ne serait alors qu'un épiphénomène local et temporaire, même si sans verser dans un narcissisme excessif, la présence de l'humanité lui confère un statut particulier.

Et on peut même aller plus loin dans l'architecture chaotique.

« Notre chaos » serait lui-même le rejeton d'un autre chaos, bulle issue d'un chaos d'ordre supérieur, et ainsi de suite.

Une succession d'univers chaotiques emboités les uns dans les autres telles des matriochkas, dans une structure fractale vertigineuse.

La vie et l'eau

D'où qu'il provienne notre univers existe et il est, au moins sur la terre, le siège d'un phénomène étrange : la vie

L'origine de la vie sur terre n'est pas élucidée à ce jour.

Certains penchent pour un ensemencement venu de l'espace, d'autres pour un processus purement terrestre, et les plus religieux y voient une intervention divine.

Je propose pour ma part une autre hypothèse: la contribution d'un logiciel présent parmi les paramètres du bigbang, un code génétique cosmique analogue à l'ADN humain. J'y reviendrai plus loin.

Sur notre planète les êtres vivants sont majoritairement constitués d'eau, mais la brique vitale élémentaire est la molécule de carbone. Ce pourrait être une autre, et on peut par exemple imaginer une vie fondée sur la chimie du silicium.

Pour ce qui nous concerne, la terre étant globalement un système confiné (exception faite de collisions avec quelques rares météorites et comètes), lesdites molécules de carbone sont comme toutes les autres constamment réutilisées, y compris celles provenant des dépouilles des êtres vivants disparus.

On estime qu'en moyenne un atome de carbone contemporain a ainsi connu une trentaine de recyclages dans des molécules différentes au cours des 3,5 milliards qui nous séparent de l'apparition de la vie.

Il est donc certain que les êtres vivants actuels en contiennent au moins quelques uns provenant des cadavres de leurs prédécesseurs. Cela apporte de l'eau au moulin des partisans de la réincarnation, même si celle dont il est question ici est très rudimentaire

A propos d'eau, ouvrons une parenthèse pour souligner son rôle capital, et à certains égards troublant, dans le processus vital.

L'eau possède la propriété quasi-unique d'être plus volumineuse sous forme solide que sous forme liquide et c'est pourquoi son gel brise la roche.

C'est ainsi que sont produits les nutriments minéraux, premiers aliments de la vie, mais il faut pour cela un environnement thermique favorable oscillant autour de 0° C.

C'est aussi l'eau qui par son action physicochimique lessive les sols pour rassembler et concentrer les nutriments. C'est elle encore qui, par les rivières et les fleuves, les achemine vers la mer, berceau de la vie.

Notre planète renferme une quantité d'eau énorme, alors que celle-ci est plutôt rare dans l'univers. L'explication communément admise est qu'elle proviendrait de la glace de comètes ou de micrométéorites présentes lors de la formation du système solaire (mais alors comment ces dernières l'ont-elles elles-mêmes acquise ?).

L'eau est constituée par l'association d'hydrogène et d'oxygène. Or si dans l'univers l'hydrogène est très répandu (92 % de la matière visible), l'oxygène l'est beaucoup moins (0,05 %).

Pourtant, par sa présence dans l'eau des océans et dans l'air atmosphérique, l'oxygène est l'élément le plus abondant sur notre terre : 49 %, soit 1.000 fois plus que dans l'univers.

Même constat à un degré moindre pour le carbone dont l'abondance terrestre est 10 fois supérieure à l'abondance dans l'univers.

Cette conjonction improbable de facteurs nécessaires à l'apparition de la vie, ainsi que notre incurable anthropomorphisme, a longtemps fait penser qu'elle n'était possible que sur notre terre.

Cela n'est plus vrai, et la communauté scientifique est plutôt d'avis que l'immense diversité de l'univers a fourni, ou fournira tôt ou tard, un environnement propice à une forme de vie, pas nécessairement « carbonée », parmi la multitude de planètes qu'il contient.

Et au-delà de cette considération probabiliste, on peut aussi envisager l'intervention du logiciel cosmique évoqué ci-dessus.

L'humanité

L'humanité est la forme la plus évoluée de la vie sur terre.

Comme tout ce qui s'y trouve, l'être humain est constitué d'un assemblage extraordinairement complexe d'atomes forgés par la nucléosynthèse au cœur des étoiles. Il est l'aboutissement d'un long parcours qui, à partir de ce matériel inerte, a pris un tour nouveau avec l'apparition de la vie sur notre planète.

Les premiers microorganismes sont apparus dans les océans voici 3,5 milliards d'années, soit 10 milliards d'années après le bigbang et 1 milliard d'année après la formation de la terre.

Puisant leur énergie dans les nutriments minéraux qu'ils contenaient, ils sont à l'origine de la chaîne qui, de diversifications en spécialisations, part du minéral et aboutit à l'espèce humaine, en passant par le végétal et l'animal.

Pour y parvenir les particules issues du big-bang sont agencées dans des structures de plus en plus organisées: d'abord inertes, puis vivantes, pensantes, et enfin conscientes.

La matière, simple à l'origine, se complexifie progressivement. Les particules (quarks, protons et électrons) se regroupent en noyaux, en atomes, en molécules, en acides aminés.

Puis l'intervention de la vie transcende la suite du processus.

L'organisation se poursuit sans relâche pour former les protéines, l'ADN dont les séquences forment les gènes, les chromosomes, le noyau cellulaire et enfin la cellule vivante élémentaire. Chaque niveau est infiniment plus complexe que les niveaux inférieurs qu'il contient et s'insère harmonieusement dans le niveau supérieur.

Cet ensemble est déjà en lui-même une merveille. Mais que dire alors de la suite qui conduit les cellules, sous l'influence des gènes, à se spécialiser et à s'assembler en tissus, puis en organes dans des êtres autonomes.

Et plus encore de l'étape suivante qui transforme les organismes primitifs fonctionnant par instinct, en êtres intelligents capables d'utiliser des outils, et enfin en individus conscients aptes à comprendre le monde extérieur.

L'être humain est au bout de ce cheminement, et c'est bien cette faculté de compréhension qui le caractérise.

Darwin a mis en évidence l'adaptation par la sélection naturelle des individus à leur milieu, qui procure la satisfaction de leurs besoins élémentaires dans de bonnes conditions de sécurité.

Mais ce mécanisme ne suffit pas à expliquer la poussée continue et obstinée de la vie vers des niveaux de conscience de plus en plus élevés.

Si elle agissait seule, une fois l'adaptation et le bien-être acquis, l'évolution n'aurait plus de raison d'être et devrait cesser.

Or il n'en est rien.

Pourquoi une espèce parvenue à une situation « confortable » et stable vis-à-vis de son environnement ne s'en satisfait-elle pas ?

Pourquoi accepte-t-elle les changements résultant de mutations aléatoires, au risque de perdre cette adaptation ?

Quel aiguillon la pousse vers une nouvelle destination ?

Je crois que cette trajectoire est inscrite dans le logiciel génétique dont nous ignorons encore les codes, et qui reste à découvrir.

Un code pour structurer de l'univers

Comme nous l'avons vu plus haut, depuis le bigbang la matière s'est diversifiée et assemblée sans cesse en structures de plus en plus complexes.

Selon moi cette évolution improbable, voire anormale, découle de la nécessité pour l'univers de se connaître lui-même, afin de prendre conscience de ce qu'il est.

Il lui faut pour cela acquérir un organe de réflexion, un cerveau cosmique, à partir du support matériel simple formé par les particules élémentaires.

D'où ce penchant obstiné vers davantage d'organisation, en contradiction avec ce que nous savons des systèmes isolés qui évoluent toujours vers plus de désordre, plus d'entropie.

L'univers étant par définition isolé, cette tendance est donc contre-nature et semble provenir d'une action extérieure.

Je suggère qu'elle procède d'un code existant parmi les paramètres du bigbang, une sorte d'ADN cosmique chargé de conduire la progression de la matière jusqu'à des observateurs intelligents et plus encore.

Il comprendrait les instructions nécessaires, y compris l'apparition de la vie, pour en guider la complexification continue vers les moyens intellectuels que l'univers recherche.

A un niveau plus élémentaire, c'est par un processus similaire que l'ADN humain, présent dans les chromosomes dès la conception, pilote la spécialisation des premières cellules indifférenciées de l'embryon jusqu'à sa variante la plus achevée: le neurone.

Le développement de l'univers et celui d'un humain suivraient ainsi un parcours comparable :

D'un côté l'organisation de la matière en structures de plus en plus élaborées jusqu'à celles dotées de compréhension, telles l'être humain ; de l'autre l'évolution des cellules humaines embryonnaires, modifiées et perfectionnées pour parvenir au neurone.

L'affirmation biblique suivant laquelle Dieu a créé l'homme à son image était plutôt considérée jusqu'ici comme symbolique. Ce cheminement parallèle lui conférerait une tonalité plus concrète.

Une progression plus qu'exponentielle

Je crois donc que l'évolution de la matière vers des observateurs conscients est en germe dès le bigbang dans une forme de code génétique contenant non seulement les paramètres qui structurent son développement matériel, mais aussi la séquence vitale.

Dans un premier temps il met en œuvre les lois physiques et notamment les quatre forces fondamentales.

Sous son influence l'univers connaît d'abord la phase de dilatation extrême de l'inflation, dont les caractéristiques suggèrent bien l'intervention d'un programme.

En effet, si on peut admettre que son début est la conséquence directe du bigbang, son amplitude gigantesque, sa durée ultra-brève et son arrêt brutal évoquent plutôt une suite d'instructions.

Après cet épisode violent, l'univers se déploie ensuite plus calmement (!) en gaz, en nébuleuses, en amas, en galaxies, en étoiles, en planètes.

A ce stade il est inconscient, ébauché, tel un enfant dont le potentiel ne se réalisera pleinement qu'à l'âge adulte.

Puis, là ou les conditions favorables sont réunies, suivant les directives du logiciel, la séquence vitale entre en action pour créer les organismes et guider leur évolution vers toujours plus d'intelligence et de conscience.

La progression peut en être accélérée, ralentie ou définitivement stoppée par un évènement imprévu. Dans ce cas le logiciel se tourne vers d'autres espèces pour la reprendre.

On peut penser qu'un tel changement de cap s'est produit sur terre où les dinosaures auraient pu être des candidats très convenables au titre d'observateur. La collision catastrophique de la planète avec une énorme météorite a entraîné leur disparition et a donné aux mammifères l'opportunité inattendue d'évoluer jusqu'aux êtres humains.

Et s'il advenait que ceux-ci disparaissent à leur tour, par exemple en subissant une augmentation intolérable de la radioactivité ambiante (on ne voit que trop comment cela pourrait se produire !), les insectes infiniment plus résistants pourraient prendre le relais.

L'humanité est donc, un peu par accident, le fruit d'une longue marche qui débute avec le big-bang voici 13,7 milliards d'années.

La phase d'organisation de la matière inerte dure plus de 10 milliards d'années. Puis sur terre la séquence vitale débute. Elle sinue, tâtonne et s'égare parfois dans des culs-de-sac, mais globalement elle semble suivre une voie tracée à l'avance.

La progression en est irrégulière. Calme et même lente à ses débuts, elle s'accélère progressivement.

Il faut 3 milliards d'années pour que les premières bactéries accouchent des poissons, des amphibiens. Puis, après l'épisode avorté des dinosaures, les mammifères évoluent jusqu'aux premiers hominidés en seulement 250 millions d'années.

Plus tard encore, l'homo sapiens succède aux hommes de Cro-Magnon en moins de 20.000 ans, avec l'augmentation considérable des capacités intellectuelles que cela représente. Et les cinquante dernières années du XXe siècle voient infiniment plus de progrès que les 2.000 années précédentes, pourtant très fécondes.

C'est un emballement extraordinaire qui atteint aujourd'hui un caractère plus qu'exponentiel, presque explosif, et rien n'indique qu'il va cesser bien au contraire.

Notre futur est imprévisible à l'échelle d'une décennie.

Dans une sorte de fuite en avant, l'humanité entreprend aujourd'hui des activités foisonnantes, désordonnées, sans vision d'ensemble, excepté peut-être son embarquement pour l'espace, et encore cela n'est-il pas clairement affirmé.

La finalité en reste inconnue, et de même qu'on s'interroge sur les motivations de certaines personnes hyperactives, on peut se demander ce qui l'entraîne dans cette course folle.

La réponse se trouve selon moi dans le logiciel et dans son action pour créer de l'intelligence.

Vers une supra-conscience humaine collective

En effet on discerne aujourd'hui dans toute l'agitation humaine une caractéristique nouvelle commune : la connectivité.

La toile internet, le GPS, les satellites d'observation, les réseaux téléphoniques, les réseaux sociaux couvrent la planète et apportent de la connectivité jusque dans les contrées les plus reculées.

Chacun a ainsi la possibilité d'interagir et d'échanger quasi instantanément avec ses semblables. Rien qui ne soit connecté aujourd'hui : individus, voitures, téléviseurs, montres, caméras, capteurs en tous genres….tout peut être analysé, comparé, même les loisirs sont filmés par ceux qui les pratiquent.

Les quantités colossales de données numériques ainsi produites sont mises en commun, triées et stockées à l'usage des générations actuelles et futures.

Cette nouvelle interactivité tous azimuts présente de grandes analogies avec le fonctionnement d'un cerveau humain, dont les neurones ont pour caractéristique principale l'aptitude à la connexion avec leurs voisins.

C'est pourquoi il me semble qu'on assiste aujourd'hui, notamment avec l'impressionnante croissance de l'activité sur la toile internet, à l'émergence d'un système nerveux mondial dont chaque humain connecté serait une cellule élémentaire.

Il est encore trop tôt pour savoir jusqu'ou ira cette forme d'intégration, mais si elle est confirmée elle devrait assurément doter l'humanité de moyens intellectuels au potentiel considérable.

Après le passage de l'instinct à l'intelligence, puis à la conscience, peut-être vivons-nous les prémices de la phase suivante : une supra-conscience planétaire dans laquelle on peut voir la suite logique des instructions du code génétique cosmique.

Mais là n'est pas le bout du chemin.

Un cerveau cosmique

Si on admet l'hypothèse que l'avènement d'observateurs, humains ou autres, est le fruit d'un logiciel cosmique, il convient d'en examiner toutes les conséquences.

Ce code est présent dans la cartouche du bigbang évoquée plus haut, au même titre que les lois physiques et les constantes cosmologiques, et il entre en action dès l'origine.

Il transforme l'énergie initiale en particules, puis il forme les atomes légers et lourds. Il les assemble ensuite en molécules simples puis complexes.

Puis sur terre il suscite la vie et en guide la progression jusqu'aux êtres humains.

Mais étant par nature universel, son champ d'action n'est pas limité à notre planète.

Les mêmes causes produisant les mêmes effets, il agit aussi pour engendrer la vie dans les systèmes planétaires propices et pour piloter son évolution jusqu'à d'autres créatures pensantes.

De ce fait la présence de civilisations extra-terrestres cesse d'être hypothétique pour devenir probable, sous certaines réserves que nous verrons plus loin.

Comment pourrait se poursuivre son action après cette étape décisive ?

La suite logique du processus me semble être le rassemblement puis la concentration en intelligences collectives des moyens intellectuels qui ont pu se développer sur les planètes aux caractéristiques favorables.

Poursuivant son action, le logiciel incitera ces entités pensantes à rechercher leurs homologues afin de nouer des contacts.

Il leur faudra pour cela s'identifier et se localiser entre elles dans le temps et l'espace, tâche difficile mais à la portée de leurs capacités scientifique devenues considérables à ce stade.

Elles poursuivront leur progression en apprenant les unes des autres, et en mettant en commun leur potentiel intellectuel.

Enfin, au terme de son influence, le logiciel les guidera vers une association de plus en plus étroite, jusqu'à l'intégration finale au sein de l'organe de réflexion que l'univers recherche pour accéder à sa propre conscience *.

L'humanité est encore très loin de cette conclusion.

Elle entreprend de rassembler ses connaissances sur la toile internet, avec le développement plus que rapide de l'inter-connectivité entre humains.

---

* Il convient de s'interroger sur l'impact de cette prise de conscience cosmique et ses conséquences sur la minuscule humanité. Mais, comme aurait dit R. Kipling, ceci est une autre histoire.

Elle tente aussi d'écouter le cosmos depuis les années 60, au moyen du programme SETI (**S**earch for **E**xtra-**T**errestrial **I**ntelligence) pour capter d'éventuels signaux extra-terrestres cohérents.

Elle essaye de se faire connaître en émettant ses propres signaux radio et en lançant les messages symboliques contenus dans les sondes Pioneer (X) et Voyager (1 et 2).

Elle est au début de son parcours.

Il lui reste beaucoup à faire et à apprendre avant de parvenir à se fondre dans le cerveau cosmique qu'elle a en point de mire sans vraiment en avoir conscience, et dont elle n'est qu'une modeste cellule encore embryonnaire.

La connaissance, avec modération

L'humanité serait ainsi un des composants cognitifs de l'univers, minuscule fragment de son immensité, mais pièce importante pour son développement.

Son histoire n'est pas en désaccord avec cette hypothèse.

A partir du berceau africain elle est d'abord partie à la découverte de son environnement, certes pour l'exploiter afin d'assurer sa sécurité matérielle, mais aussi poussée par une caractéristique qu'elle est seule à détenir, à savoir le désir de connaître et le besoin de comprendre.

Progressivement elle a colonisé la totalité de la planète et autant que l'appropriation de nouveaux territoires, c'est une curiosité instinctive qui l'a guidée. Colomb, Magellan et Vespucci entre autres n'étaient certainement pas affamés, et pas même dans la misère.

Parallèlement chamans, prêtres et philosophes s'interrogeaient déjà sur la structure du monde.

Dans ces premiers temps, suivant un mode de fonctionnement animal, la préoccupation principale de l'humanité était la pérennisation de l'espèce. Les progrès dans le savoir n'étaient que les retombées des efforts déployés pour améliorer la condition humaine.

Ce n'est que récemment (à l'échelle cosmique) qu'elle a accordé de l'importance à la connaissance en tant que telle.

Elle a d'abord commencé à en organiser la transmission dans des lieux d'enseignement : universités, institutions religieuses,…

Puis elle a consacré plus d'effort à sa recherche qui se déploie maintenant aussi dans des laboratoires et des instituts, le plus souvent spécialisés. Les centres pluridisciplinaires sont encore rares, et ceux dédiés à la recherche fondamentale plus encore.

Même si des collaborations mondiales ont vu le jour, force est de constater qu'en matière de connaissance il n'y a pas de véritable vision d'ensemble, de stratégie planétaire pour une judicieuse répartition des activités suivant les domaines de compétence.

L'aventure spatiale en est l'illustration.

Il est vrai qu'après une période d'intense concurrence bipolaire, elle se déroule maintenant dans un cadre international. Pourtant après l'effort remarquable mais sans lendemain du débarquement sur la lune, ses progrès restent actuellement modestes, sans commune mesure avec l'évidente nécessité de poursuivre l'exploration au-delà de la matrice terrestre.

L'humanité ne perçoit pas clairement que son désir de conquête spatiale, bien plus que le simple prolongement de son expansion territoriale, est inscrit dans ses gènes pour satisfaire son besoin de connaissance.

Il lui faut maintenant réaliser que la quête de compréhension qu'elle mène de façon parfois désordonnée et sans réelle ligne directrice, est sa raison d'être, sa mission fondamentale, et qu'elle doit se concentrer sur elle pour en faire sa priorité absolue.

Mais en se gardant toutefois des périls qui pourraient s'ensuivre.

Un examen de passage incontournable

En effet cette quête n'est pas sans écueils.

Elle est même clairement dangereuse, car la connaissance est tout à la fois la meilleure et la pire des choses : la meilleure quand elle apporte le progrès, la pire par ses retombées perverses.

Longtemps réservée à une élite le plus souvent religieuse, elle était considérée dans les temps anciens comme l'apanage des divinités. Selon la Bible elle possède un caractère sacré. Celui qui la détient est l'égal de Dieu et tenter de l'acquérir est un sacrilège.

Ainsi dans le jardin d'Eden, Adam et Eve peuvent-ils consommer tous les fruits, à l'exclusion de ceux de l'arbre de la connaissance (du bien et du mal).

C'est pourtant bien en transgressant l'interdit et grâce à la connaissance que l'humanité franchit les premières grandes étapes de son développement : le feu, la roue, l'agriculture, la domestication animale….

A chaque fois le bien-être s'accroit, mais les effets négatifs apparaissent déjà.

Plus récemment, ses progrès en thermodynamique ont donné naissance aux machines à vapeur et aux moteurs de la révolution industrielle qui ont démultiplié ses moyens d'action sur la nature, avec la contrepartie négative du réchauffement climatique, dont on prend conscience seulement aujourd'hui.

Puis ses avancées en physique lui ont permis d'accéder à l'énergie nucléaire, mais son usage inconsidéré peut d'ores et déjà la conduire à l'anéantissement.

Cette ambivalence est constante : toute amélioration dans la connaissance aura bien entendu des effets bénéfiques, mais mettra aussi à sa disposition des armes nouvelles plus formidables encore.

Ainsi au début de la recherche au CERN du boson de Higgs, du fait de l'extrême concentration d'énergie au cœur des expériences, certains s'inquiétaient de la possible apparition d'un micro trou noir susceptible d'absorber la planète entière.

Fort heureusement ces craintes étaient vaines, mais tôt ou tard cette dangereuse performance sera techniquement possible, ou une autre plus angoissante encore.

Or si des progrès considérables dans le domaine matériel des sciences et des techniques ont été réalisés, ce n'est pas le cas dans celui de l'esprit. La raison est loin d'avoir vaincu l'obscurantisme et le fanatisme. Nous n'avons pas encore tourné la page des comportements individualistes qui nous étaient nécessaires pour survivre.

Malgré la révolution des Lumières, la barbarie d'un autre âge avec son terrible cortège d'exactions n'a pas disparu et concerne encore des milliards d'êtres humains.

Pour une mère Theresa, un Gandhi, un Luther King, combien de fanatiques porteurs de bombes, d'anthrax ou de gaz sarin ?

Ne tirant aucun enseignement des dernières conflagrations planétaires, l'humanité reste dominée par des conduites irrationnelles et le risque de son autodestruction n'est que trop réel. Les garde-fous qu'elle a tenté de mettre en place sont bien légers. Elle reste sur le fil du rasoir à la merci d'un accident, d'une action terroriste, ou d'une pulsion belliqueuse fatale.

Elle sera d'autant plus en danger que ses connaissances s'accroîtront et mettront à sa disposition de nouveaux moyens de destruction: physiques, chimiques, génétiques, informatiques bactériologiques, robotiques,….. et d'autres encore que nous ne soupçonnons même pas.

A bien y réfléchir, l'anéantissement de ceux qui travaillent à connaître l'univers pourrait être inscrit dans leur recherche même, et tel Icare s'approchant du soleil, l'humanité pourrait se consumer à la flamme de la connaissance.

Cet enchaînement est universel et inexorable. Si des civilisations extra-terrestres existent, chacune dans sa progression a été ou sera confrontée à cet examen de passage-couperet, incontournable et sans demi-mesure : parvenir au contrôle ou disparaître.

On peut y voir une sorte de tri automatique pour séparer le bon grain de l'ivraie : les plus inconséquentes échoueront et seront anéanties ; seules les plus raisonnables poursuivront leur parcours, mais avec la menace permanente de l'autodestruction en cas de défaillance.

Si nous voulons être de celles-ci, nous devons apprendre à dominer au plus vite notre irrationalité.

Mais il est déjà bien tard.

Un système économique dépassé et destructeur

Les deux moteurs du développement de la société humaine ont été jusqu'ici la recherche de la sécurité et celle du bien-être.

Son organisation résulte depuis l'aube des temps de l'addition et de la coordination des efforts de chaque individu pour les atteindre, en faisant coïncider du mieux possible les intérêts de chacun avec l'intérêt général.

Elle est basée sur le postulat que seul le travail peut fournir aux humains les moyens de satisfaire leurs besoins vitaux et leurs désirs d'épanouissement. D'où la nécessité d'assurer un emploi au plus grand nombre.

Dans notre modèle économique il est établi qu'une croissance annuelle minimale de la production de richesses (PIB) de 2% est nécessaire pour compenser la destruction des emplois obsolètes.

Un tel taux de croissance semble raisonnable, tout à fait à notre portée et sans conséquences dramatiques. Mais les fonctions exponentielles sont impitoyables.

Si on l'applique aux prochaines décennies, il faudrait un PIB multiplié par 2 dans 35 ans, et par plus de 7 dans un siècle, pour maintenir le plein emploi.

Cela n'est évidemment pas tenable en termes d'exploitation (pour ne pas dire de pillage) des matières premières, de pollution, de consommation d'énergie. Comme l'exprime un slogan du mouvement alternatif : il ne peut y avoir de croissance infinie sur une planète finie.

La transition énergétique qui vise à accroître la part des énergies renouvelables est un pas dans la bonne direction, mais très insuffisant.

Dans l'immédiat le découplage de la croissance avec les besoins en énergie est incontournable, sauf à parvenir à la maîtrise industrielle de la fusion nucléaire contrôlée. C'est le but poursuivi par la collaboration ITER, mais les progrès sont lents et la route est encore longue.

Mais même si on parvenait à produire gratuitement une énergie inépuisable, la préservation du saccage de la planète nous imposerait à court terme un futur sans croissance, et nous devons nous y préparer dès à présent.

Autre restriction : la formidable accélération des progrès scientifiques et techniques dans les domaines du numérique et de l'intelligence artificielle, qui a déjà permis la prise en charge de travaux subalternes et/ou répétitifs par des machines de plus en plus performantes.

Cette tendance lourde va s'accélérer et concernera très bientôt la quasi-totalité des tâches, même ardues et complexes. La généralisation de la mécanisation et de l'utilisation de robots va entraîner à très court terme une destruction d'emplois massive.

Il est vrai qu'il faut des métiers nouveaux et qualifiés pour la conception, le contrôle et la maintenance des machines et des robots, d'où une certaine compensation.

Mais la révolution robotique qui s'annonce est d'une ampleur sans précédents. Elle porte sur des pans entiers de l'économie, et en termes d'emploi la balance penchera très largement vers la destruction.

Bref, malgré des dénégations répétées mais plutôt incantatoires, il est clair que nous vivons la fin du travail tel que nous l'avons connu. Dès aujourd'hui et demain plus encore, le plein emploi est une chimère inaccessible.

Ne serait-ce que pour les raisons rappelées ci-dessus, il nous faudrait repenser complètement notre système socio économique destructeur.

D'autres considérations poussent aussi dans cette direction : le réchauffement climatique, la démographie galopante,……

Et aussi l'allongement de la vie qui devrait encore s'amplifier avec les thérapies géniques, et le remplacement des organes par des équivalents bioniques ou bien à l'aide de cellules souches.

Certains n'hésitent pas à parler d'une longévité de deux siècles, voire davantage, et le clonage humain, déjà bien avancé quoi qu'on en dise, va encore compliquer la situation.

Tout cela aura de lourdes conséquences. Peut-être ira-t-on même jusqu'à programmer la fin des vies humaines devenues trop longues sur une planète exigüe.

L'humanité aborde donc une crise gravissime, et sauf à mettre en place un système économique novateur, notre société va droit dans le mur.

Il nous faut saisir cette occasion pour la mettre en accord avec sa mission profonde de compréhension de l'univers, et rectifier ainsi le déséquilibre fondamental de son fonctionnement actuel.

Des souris et des hommes

Et en effet nous commençons déjà à nous bousculer sur la planète.

Or il est connu que si on réduit l'espace vital d'une colonie de rats, quand bien même on assure leurs besoins essentiels, ils s'entretuent dans une forme inconsciente de régulation démographique

Il est à craindre que ce comportement soit transposable à l'humanité dont pourtant les conditions matérielles s'améliorent.

Globalement le bien-être est en progrès, même si localement certaines populations sont encore dans la misère. Il n'y pas de famines généralisées, ni de grandes pandémies. Le SIDA et plus récemment la fièvre EBOLA font largement moins de victimes que la grippe espagnole du 20e siècle.

On observe pourtant un fort accroissement des tensions géopolitiques, interethniques ou interreligieuses.

La violence est déjà présente dans les rues, dans les transports, dans les stades, partout ou les humains se rassemblent, comme si elle apparaissait spontanément du seul fait de cette proximité. Elle tend à se généraliser et à envahir des emplacements jusqu'ici préservés et même sanctuarisés, comme les lieux d'éducation et les espaces de santé.

Outre la promiscuité, deux facteurs aggravants peuvent expliquer cette recrudescence de la violence. Les sentiments d'injustice et de frustration qui se sont développés et généralisés en raison du développement des technologies numériques.

Les inégalités sociales ont existé de tout temps, mais dans l'ignorance de la situation générale, chacun dans son environnement local s'en accommodait plus ou moins, avec parfois des débordements qui servaient d'exutoires. Elles étaient relativement tolérées, presque dans l'ordre des choses, et les plus entreprenants pouvaient espérer une amélioration de leur condition.

Mais la donne a changé avec les medias modernes qui acheminent l'information en tous lieux et éduquent ceux qui étaient jusqu'alors dans l'ignorance. Les populations même très éloignées, même misérables, sont de mieux en mieux informées et éclairées.

Quand les moins favorisés observent les conditions de vie dans les pays développés, ils ressentent cette vision comme une injustice insupportable à laquelle s'ajoute une frustration aigüe.

Celle du plus grand nombre qui doit se contenter de regarder les objets désirés, à portée de main dans les magasins ou sur le web mais financièrement inaccessibles, alors qu'il suffirait de les poser dans un chariot ou de cliquer sur un écran.

Avec le progrès technologique, la planète est devenue une immense caverne d'Ali Baba, offerte à tous les regards et à tous les désirs. Mais il y a loin de la coupe aux lèvres, et la frustration est d'autant plus vive que des campagnes publicitaires très efficaces attisent les convoitises.

De surcroît l'utilisation généralisée du crédit, dont la fonction normale est d'anticiper la gestion de l'épargne, est dévoyée. Des propositions en apparence peu contraignantes entrainent les plus vulnérables dans le cycle infernal du surendettement qui les enfonce davantage.

Ainsi inégalités sociales et frustration se conjuguent pour renforcer les tensions et les rancœurs qui s'expriment dans une violence banalisée.

L'humanité est peut être d'ores et déjà dans la situation des rats, et elle dispose de moyens quasi industriels pour réaliser des tueries de masse, comme le prouve hélas un passé récent.

Recentrer la société humaine sur la connaissance

L'humanité aborde donc une période périlleuse, sans doute la plus difficile depuis son origine : les systèmes économiques sont dépassés, la pression démographique devient intolérable et la violence se généralise.

Elle doit s'adapter à cette situation problématique.

Si elle réalise que sa raison d'être, son essence même, est la recherche de la connaissance, elle doit saisir cette opportunité pour recentrer sa société sur cette activité primordiale.

Avec des contraintes matérielles allégées par les technologies modernes, l'humanité pourrait abandonner le modèle social basé sur une production aveugle de richesses, pour se consacrer sans réserve à sa mission de compréhension.

Il n'est pas question ici de prôner une religion de la connaissance avec ses dogmes et ses rites, mais simplement d'ordonner les activités de l'humanité prioritairement autour de sa mission fondamentale, de mettre la société humaine en accord avec sa nature profonde.

Après une telle mutation le mode de fonctionnement social s'inverserait : la connaissance provenait jusqu'ici de la poursuite de la sécurité et du bien-être. Dans la nouvelle organisation, le bien-être et la sécurité découleraient naturellement des progrès de la connaissance, comme c'est déjà le cas dans bien des domaines.

Cela suppose que celle-ci soit largement ouverte et accessible à tous, et ce n'est pas simple car elle est scindée en spécialités de plus en plus nombreuses dans lesquelles il est difficile d'atteindre l'expertise.

Il est loin le temps ou « un honnête homme » pouvait embrasser le savoir humain dans son ensemble, mais là encore les avancées numériques dans le stockage et la redistribution de l'information seront d'un précieux secours.

Ainsi de profonds bouleversements sociaux semblent inévitables à court terme, et il est à craindre que cela ne se fasse sans bruit, sans fureur et sans désolation.

L'impression 3D, corne d'abondance moderne

Fort heureusement les avancées scientifiques pourraient atténuer les effets douloureux de cette grande mutation.

En premier lieu l'utilisation généralisée de robots, à la condition évidente qu'ils restent sous contrôle humain (ce qui reste à démontrer).

Mais on peut trouver d'autres exemples, telle l'impression 3D qui est en passe de révolutionner la production industrielle et peut-être même notre société dans son ensemble.

Cette récente technologie transpose en trois dimensions les techniques d'impression graphique pour la reproduction ou la fabrication d'objets en 3 dimensions.

Dans un premier temps un dispositif balaye le modèle à dupliquer, comme un scanner en imagerie médicale, et stocke les informations sous la forme d'un fichier numérique.

Dans un second temps, comme les buses d'une imprimante tracent les lettres d'un texte, celles de l'imprimante 3D déposent de fines couches ou filaments de matière au contour défini par le fichier. Leur superposition reconstitue l'objet en volume dans une sorte de tomographie à rebours.

Avec l'usinage par commande numérique, une machine-outil sculpte un objet en retirant la matière d'une ébauche. L'impression 3D inverse le processus en le générant par apport de matière.

Le stade de la recherche et des prototypes est dépassé, et on peut se procurer à prix abordable des imprimantes 3D capables de reproduire des objets complexes.

Les limitations en taille reculent de jour en jour avec des conséquences immenses et encore incomplètement explorées.

Il est d'ores et déjà possible de fabriquer en quelques jours des habitations de la taille d'un container, voire davantage, ce qui devrait assurer à court terme un logement décent pour tous et la disparition des bidonvilles.

Chaque foyer muni d'une imprimante 3D pourra produire à volonté les objets désirés en pièces détachées après avoir téléchargé sur le web les fichiers correspondants, la fabrication se résumant à l'assemblage d'un kit.

Plus besoin de bâtiments gigantesques abritant les chaînes de production, plus besoin de centres logistiques polluants pour approvisionner les matières premières et distribuer les produits finis.

Cela ouvre déjà des perspectives très attrayantes, mais l'essentiel est ailleurs.

En effet, si on pousse le concept jusqu'à ses limites, chaque imprimante 3D pouvant produire des biens de toute nature, elle peut donc fabriquer d'autres imprimantes 3D, qui elles-mêmes en produiraient d'autres, et ainsi de suite…..

C'est la version moderne de la corne d'abondance avec pour seule limitation l'approvisionnement en matières premières. Celles-ci sont pour l'heure principalement des matériaux plastiques, mais l'emploi de métaux est presque au point, et celui de matières biologiques est à l'étude pour la fabrication de prothèses et bientôt d'organes de remplacement.

Le recyclage des appareils usagés en fournirait l'essentiel, dans un cercle vertueux préservant la planète du pillage de ses ressources et limitant considérablement la pollution par les déchets.

Et à terme on pourrait imaginer un monde où, chacun pouvant fabriquer à volonté tous les biens qu'il désire, la notion même de propriété disparaîtrait, avec les conséquences économiques, sociales, géopolitiques,….. considérables qu'un tel bouleversement impliquerait.

Ceci n'est qu'un exemple et on pourrait trouver dans les avancées technologiques qui se multiplient d'autres raisons d'espérer.

Conclusion

En conclusion, je pense que notre univers est un fragment surgi du chaos fondamental par la singularité du bigbang.

Assagi et cristallisé, il est stable et perdure grâce à des paramètres de fonctionnement finement ajustés.

Pour dépasser la phase de son développement matériel et réaliser pleinement ses potentialités, l'univers doit prendre conscience de ce qu'il est.

Il lui faut pour cela des capacités intellectuelles.

Je suggère qu'un code génétique cosmique, qu'il porte en lui avec les autres paramètres de sa création, entre en action dès le bigbang pour le doter d'un organe de réflexion, et guide à cette fin l'organisation continue de la matière jusqu'à des êtres pensants.

On trouve le reflet de ce processus fondamental dans la croissance d'un être humain : l'ADN présent dès la conception contient la séquence complète de la spécialisation des cellules de l'embryon. Sous son action elles se différencient et s'assemblent en organes dont le plus achevé est le cerveau.

Le code en question agirait d'une façon comparable.

Il organise d'abord les particules élémentaires en structures de plus en plus complexes, mais toujours inertes.

Puis là où cela est possible, il met en œuvre la séquence vitale et la pilote jusqu'à obtenir les observateurs conscients qu'il recherche. C'est ainsi qu'il aurait guidé sur terre la progression de la vie jusqu'aux êtres humains.

C'est aussi sous son influence que ceux-ci tendraient à concentrer leurs capacités intellectuelles en un système nerveux collectif. On en observe les prémices sur la toile internet.

Son champ d'action n'ayant pas de limites, en d'autres lieux dotés de caractéristiques favorables, le code engendre(ra) de la même façon d'autres concentrations d'intelligence.

Il les incite(ra) ensuite à se rapprocher les unes des autres pour nouer des contacts de plus en plus étroits.

Au terme du processus, il les guidera vers une interconnexion totale qui constitue(ra) l'organe de réflexion nécessaire à l'univers pour accéder à la conscience.

Selon ce scénario, l'humanité ne serait qu'au tout début de son parcours, simple cellule encore embryonnaire d'un futur cerveau cosmique.

Son rôle serait donc de contribuer à la recherche de la connaissance.

A la modeste place qu'elle occupe aujourd'hui elle s'y emploie déjà.

Bien qu'occupant une place insignifiante dans l'immensité de l'univers, elle est parvenue à en déchiffrer au moins partiellement la complexité, et elle a retracé son histoire. Mais sans avoir pour autant réellement pris conscience de la finalité de son action.

Or elle est aujourd'hui confrontée à une crise existentielle aux aspects multiples : religieux, économique, écologique,…

Le danger principal résulte de la poursuite persistante de la croissance, car même modérée pour assurer le plein emploi, elle conduit directement à la ruine de la planète.

Cette évidence lui imposera à court terme un mode de fonctionnement entièrement nouveau, et elle devra saisir cette occasion pour rebâtir sa société autour de sa mission de recherche fondamentale.

Dans cette profonde mutation elle rencontrera des difficultés matérielles importantes que la concentration planétaire de son potentiel intellectuel permettra de résoudre. Mais elle ne devra pas perdre de vue que ses progrès lui donneront aussi accès à des moyens de destruction considérables.

Pour poursuivre son parcours qui s'accélère aujourd'hui de façon vertigineuse, il lui faudra réussir un examen de passage décisif en surmontant deux écueils.

Le premier, en forme de couperet, est la persistance de comportements irrationnels et belliqueux qui peuvent l'amener à s'autodétruire brutalement.

Le second, plus insidieux mais non moins redoutable, est la poursuite aveugle d'un modèle socio-économique dévastateur qui engendre le pillage irréversible de la planète.

Si elle ne triomphe pas de ces épreuves, la quête de connaissance qui est son destin et sa grandeur, la conduira inéluctablement à l'anéantissement.

Ultime péripétie que l'univers réserve à ses créatures incapables de se hisser à la hauteur du rôle qu'il leurs assigne.

Rocbaron, octobre 2015